# 四川省工程建设地方标准

# 四川省工业化住宅设计模数协调标准

Standard for Module Coordination of Industrial Residential
Building in Sichuan Province

## DBJ51/T 064 – 2016

主编单位：四 川 省 建 筑 科 学 研 究 院
批准部门：四 川 省 住 房 和 城 乡 建 设 厅
施行日期：2 0 1 7 年 2 月 1 日

U0391198

西南交通大学出版社

2017 成 都

**图书在版编目（ＣＩＰ）数据**

四川省工业化住宅设计模数协调标准/四川省建筑
科学研究院主编. —成都：西南交通大学出版社，
2017.2
（四川省工程建设地方标准）
ISBN 978-7-5643-5219-6

Ⅰ. ①四… Ⅱ. ①四… Ⅲ. ①住宅－建筑设计－技术
规范－四川 Ⅳ. ①TU241-65

中国版本图书馆 CIP 数据核字（2017）第 007451 号

四川省工程建设地方标准

**四川省工业化住宅设计模数协调标准**

主编单位　四川省建筑科学研究院

| | |
|---|---|
| 责 任 编 辑 | 姜锡伟 |
| 封 面 设 计 | 原谋书装 |
| 出 版 发 行 | 西南交通大学出版社<br>（四川省成都市二环路北一段 111 号<br>西南交通大学创新大厦 21 楼） |
| 发行部电话 | 028-87600564　028-87600533 |
| 邮 政 编 码 | 610031 |
| 网　　　址 | http://www.xnjdcbs.com |
| 印　　　刷 | 成都蜀通印务有限责任公司 |
| 成 品 尺 寸 | 140 mm × 203 mm |
| 印　　　张 | 1.25 |
| 字　　　数 | 28 千 |
| 版　　　次 | 2017 年 2 月第 1 版 |
| 印　　　次 | 2017 年 2 月第 1 次 |
| 书　　　号 | ISBN 978-7-5643-5219-6 |
| 定　　　价 | 20.00 元 |

## 关于发布工程建设地方标准
## 《四川省工业化住宅设计模数协调标准》
## 的通知

川建标发〔2016〕842 号

各市州及扩权试点县住房城乡建设行政主管部门，各有关单位：

由四川省建筑科学研究院主编的《四川省工业化住宅设计模数协调标准》已经我厅组织专家审查通过，现批准为四川省推荐性工程建设地方标准，编号为：DBJ 51/T 064 - 2016，自2017 年 2 月 1 日起在全省实施。

该标准由四川省住房和城乡建设厅负责管理，四川省建筑科学研究院负责技术内容解释。

四川省住房和城乡建设厅

2016 年 10 月 24 日

# 前　言

本标准根据四川省住房和城乡建设厅《关于下达四川省工程建设地方标准〈四川省工业化住宅设计模数协调标准〉编制计划的通知》（川建标发〔2015〕822号文）的要求，由四川省建筑科学研究院会同有关单位共同制定。

在标准制定过程中，编制组开展了广泛的调查研究，认真总结了工业化住宅建筑在国内特别是四川省内工程实践中的经验，对主要问题进行了反复讨论，参考有关国内先进标准，与相关标准进行了协调，在充分征求意见的基础上，制定本标准。

本标准共7章，主要技术内容包括：1总则；2术语和符号；3基本规定；4空间尺寸模数；5部件尺寸模数；6内部设施设备；7模数协调。

各单位在执行本标准时，请将有关意见和建议反馈给四川省建筑科学研究院（电话：028-83338918；地址：成都市一环路北三段55号；邮编：610081；邮箱：zp@scjky.cn），以供今后修订时参考。

主　编　单　位：四川省建筑科学研究院

参　编　单　位：中国建筑西南设计研究院有限公司

　　　　　　　　成都基准方中建筑设计有限公司

成都市建筑设计研究院

四川蓝光和骏实业股份有限公司

主要起草人： 张 瀑　佘 龙　 马宏超　 鲁兆红

梁 虹　李 浩　 邓 文　 陈德良

陈佩佩　刘霜艳　 雷 霆　 颜 峰

主要审查人： 贺 刚　康 强　 陈大乾　 李 峰

冯身强　孟祥林　 廖兴国

# 目  次

# Contents

# 1 总　则

1.0.1　为推进四川省建筑工业化的发展，在满足建筑功能适用性的基础上，实现工业化住宅部件的模数化、标准化及安装协调，制定本标准。

1.0.2　本标准适用于四川省工业化住宅及工业化住宅混凝土部件设计的模数协调。

1.0.3　工业化住宅设计模数协调除应符合本标准外，尚应符合国家及四川省现行有关标准的规定。

# 2 术语和符号

## 2.1 术 语

**2.1.1 工业化住宅 industrial residential building**

以标准化设计、工厂化生产、装配化施工为主要特征，采用工业化生产方式建造的住宅。

**2.1.2 横厅 transverse living room**

指面宽（即采光面）大于进深的客厅，在本标准中，横厅代指住宅的客厅与餐厅及同一侧的通过性空间组成的复合空间。

**2.1.3 竖厅 longitudinal living room**

指面宽（即采光面）小于等于进深的客厅，在本标准中，竖厅代指住宅的客厅空间。

**2.1.4 模数空间 modular space**

一个及以上方向的协调尺寸符合本标准规定模数的空间。

**2.1.5 协调空间 coordination space**

在本标准中未规定模数要求的空间，主要用于协调各模数空间相互组合时存在的尺寸不协调的问题。

**2.1.6 套内模数空间比 proportion of modular space**

一个平面单元内，采用模数化套内空间的面积与套内空间面积的比值，采用百分比表示。

## 2.2 符　号

**2.2.1**　M——基本模数，1M = 100 mm．

# 3 基本规定

**3.0.1** 工业化住宅设计应符合《建筑模数协调标准》GB/T 50002 的要求。

**3.0.2** 工业化住宅的平面轴线尺寸协调模数的基数，宜取扩大模数 3M。

**3.0.3** 工业化住宅标准层的层高宜取 2900 mm 或 3000 mm。

**3.0.4** 工业化住宅内部净空尺寸协调模数的基数，宜取基本模数 1 M。宜采用以扩大模数 3M 为基数，采用 $3n\text{M} + 100$ mm 或 $3n\text{M} + 200$ mm 作为优先尺寸。

**3.0.5** 工业化住宅内部净空尺寸的基准面应为构件表面。

**3.0.6** 工业化住宅设计宜采用本标准规定的尺寸模数。

**3.0.7** 工业化住宅设计中，采用本标准规定的模数与其他尺寸模数组合形成不同的建筑空间时，应以本标准规定的尺寸模数为主导。

**3.0.8** 工业化住宅的套内模数空间比不应低于 50%。

**3.0.9** 工业化住宅的厨卫空间宜采用支撑体与填充体分离的体系。

# 4 空间尺寸模数

## 4.1 一般规定

**4.1.1** 工业化住宅的模数空间可划分为套内模数空间与公共模数空间。

**4.1.2** 套内模数空间包括客厅、卧室、厨房、卫生间、阳台、过道等。

**4.1.3** 公共模数空间包括楼梯间、走廊、电梯井、电梯厅等。

**4.1.4** 厨房、卫生间、过道、电梯井、电梯厅、走廊等的尺寸模数应采用净空尺寸，客厅、卧室、阳台、楼梯间等的尺寸模数应采用轴线尺寸。

## 4.2 套内空间尺寸模数

**4.2.1** 客厅可分为竖厅、横厅，其平面尺寸模数宜分别根据表 4.2.1-1 及表 4.2.1-2 选用。

表 4.2.1-1 竖厅的尺寸模数（mm）

| 进深 | 开间 | | | | | | |
|---|---|---|---|---|---|---|---|
| | 3300 | 3600 | 3800 | 3900 | 4000 | 4200 | 4500 |
| 3600 | √ | — | — | — | — | — | — |
| 3900 | √ | √ | — | — | — | — | — |
| 4200 | √ | √ | √ | √ | — | — | — |

| 进深 | 开间 | | | | | | |
|---|---|---|---|---|---|---|---|
| | 3300 | 3600 | 3800 | 3900 | 4000 | 4200 | 4500 |
| 4500 | √ | √ | √ | √ | √ | √ | — |
| 4800 | — | √ | √ | √ | √ | √ | √ |
| 5100 | — | — | √ | √ | √ | √ | √ |
| 5400 | — | — | √ | √ | √ | √ | √ |

表 4.2.1-2　横厅的尺寸模数（mm）

| 进深 | 开间 | | | | | |
|---|---|---|---|---|---|---|
| | 6000 | 6300 | 6600 | 6900 | 7200 | 7500（7600） |
| 4200 | √ | √ | — | — | — | — |
| 4500 | √ | √ | √ | — | — | — |
| 4800 | √ | √ | √ | √ | — | — |
| 5100 | — | √ | √ | √ | √ | √ |
| 5400 | — | — | — | — | √ | √ |
| 5700 | — | — | — | — | — | √ |

**4.2.2**　卧室的平面尺寸模数宜根据表 4.2.2 选用。

表 4.2.2　卧室的尺寸模数（mm）

| 进深 | 开间 | | | | | | | |
|---|---|---|---|---|---|---|---|---|
| | 2700 | 2800 | 3000 | 3200 | 3300 | 3500 | 3600 | 3900 |
| 3000 | √ | √ | √ | √ | √ | — | — | — |
| 3300 | √ | √ | √ | √ | √ | — | — | — |
| 3600 | √ | √ | √ | √ | √ | — | — | — |
| 3900 | — | — | √ | √ | √ | √ | √ | √ |
| 4200 | — | — | — | √ | √ | √ | √ | √ |
| 4500 | — | — | — | — | — | √ | √ | √ |

**4.2.3** 厨房的净空宽度尺寸模数宜根据表 4.2.3 选用，长度的净空尺寸宜采用 $3n\text{M}+100$ mm。

表 4.2.3　厨房的净空宽度尺寸模数（mm）

| 净空宽度 | 1600 | 1900 | 2200 | 2500 |
|---|---|---|---|---|

**4.2.4** 卫生间的净空尺寸模数宜根据表 4.2.4 选用。

表 4.2.4　卫生间的净空尺寸模数（mm）

| 进深 | 开间 | |
|---|---|---|
| | 1600 | 1900 |
| 1600 | √★ | — |
| 1900 | √★ | √ |
| 2500 | √ | √ |
| 2800 | √ | √ |
| 3100 | √ | √ |

注：★适合于布置两件套，未标识的适合于布置三件套。

**4.2.5** 阳台的进深尺寸模数宜采用 1200 mm、1500 mm、1800 mm。

**4.2.6** 室内过道的净空宽度尺寸模数宜根据表 4.2.6 选用。

表 4.2.6 室内过道的尺寸模数（mm）

| 类型 | 通往厨房、卫生间 | 通往卧室、起居室 | 套内入口 |
|---|---|---|---|
| 净空宽度 | 1000 | 1100 | 1400 |

**4.2.7** 户内门洞的尺寸模数宜根据表 4.2.7 选用。

表 4.2.7 户内门洞的尺寸模数（mm）

| 宽度<br>高度 | 800 | 900 | 1000 | 1100 |
|---|---|---|---|---|
| 2100 | √ | √ | √ | √ |
| 2200 | √ | √ | √ | √ |

**4.2.8** 窗洞的预留净空尺寸宜根据表 4.2.8 选用。

表 4.2.8 窗洞的预留净空尺寸模数（mm）

| 高度 | 宽度 | | | |
|---|---|---|---|---|
| | 600 | 1200 | 1500 | 1800 |
| 600 | √ | — | — | — |
| 900 | √ | — | — | — |
| 1200 | √ | √ | — | — |
| 1500 | — | √ | √ | — |
| 1800 | — | √ | √ | √ |
| 2100 | — | √ | √ | √ |

**4.2.9** 外墙门洞的预留净空尺寸宜符合 $3n\text{M}+100\ \text{mm}$ 或 $3n\text{M}+200\ \text{mm}$ 的要求。

## 4.3 公共空间尺寸模数

**4.3.1** 楼梯间的尺寸模数宜根据表 4.3.1 选用。

表 4.3.1　楼梯间的尺寸模数（mm）

| 类　型 | 楼梯间整体轴线尺寸 | |
|---|---|---|
| | 层高 3000 | 层高 2900 |
| 剪刀梯 | 7300×2700 | 7100×2700 |
| 双跑梯 | 4800×2700 | 4800×2700 |

**4.3.2** 电梯井的净空尺寸模数宜根据表 4.3.2 选用。

表 4.3.2　电梯井的净空尺寸模数（mm）

| 宽度 | 长度 | | | |
|---|---|---|---|---|
| | 2100 | 2200 | 2600 | 2700 |
| 2100 | — | √ | — | √★ |
| 2200 | √ | √ | √★ | — |
| 2600 | √ | √ | — | — |

注：★适合于担架电梯的电梯井净空尺寸。

**4.3.3** 走廊的净空宽度及电梯厅进深的尺寸模数宜根据表 4.3.3 选用。

表 4.3.3　走廊的净空宽度及电梯厅进深尺寸模数（mm）

| 走廊净空宽度 | | 电梯厅进深 | | | |
|---|---|---|---|---|---|
| 1300 | 1500 | 1600 | 1900 | 2100 | 2500 |

# 5 部件尺寸模数

## 5.1 一般规定

**5.1.1** 部件的尺寸模数应满足相邻空间尺寸要求。

**5.1.2** 部件的截面尺寸小于或等于 600 mm 时，宜按照 M/2 进级；截面最小尺寸可按照 M/10 进级；大于 600 mm 的尺寸宜按照 1M 或 3M 进级。

**5.1.3** 混凝土部件的尺寸误差应符合《四川省建筑工业化混凝土预制构件制作、安装及质量验收规程》DBJ/T 008 的要求。

**5.1.4** 部件的总质量宜小于等于 6 t。

## 5.2 混凝土结构部件的尺寸模数

**5.2.1** 混凝土剪力墙的尺寸模数宜根据表 5.2.1 选用。

表 5.2.1 混凝土剪力墙的尺寸模数（mm）

| 项　目 | 最小尺寸 | 优先尺寸 |
|---|---|---|
| 厚　度 | 200 | 200、250、300 |
| 长　度 | 600 | — |

**5.2.2** 混凝土柱的尺寸模数宜根据表 5.2.2 选用。

表 5.2.2 混凝土柱的尺寸模数（mm）

| 宽度 | 400 | 500 | 600 | 700 |
|------|-----|-----|-----|-----|
| 高度 | 400，500，600 | 500，600，700 | 600，700，800 | 700，800，900 |

**5.2.3** 混凝土梁的尺寸模数宜根据表 5.2.3 选用。

表 5.2.3 混凝土梁的尺寸模数（mm）

| 宽度 | 200 | 250 | 300 |
|------|-----|-----|-----|
| 高度 | 400，450，500，550，600，650 | 400，450，500，550，600，650 | 500，550，600，650 |

**5.2.4** 混凝土叠合板的宽度尺寸模数宜按 1M 进级，且总宽度不宜大于 2400 mm；混凝土叠合板的厚度尺寸模数宜根据表 5.2.4 选用。

表 5.2.4 混凝土叠合板的厚度尺寸模数（mm）

| 项 目 | 最小尺寸 | 优先尺寸 |
|-------|---------|---------|
| 厚 度 | 120（60） | 130（60）、140（60）、150（70） |

注：（ ）内表示预制部分高度。

## 5.3 其他部件尺寸模数

**5.3.1** 内隔墙的尺寸模数宜根据表 5.3.1 选用。

表 5.3.1 内隔墙的尺寸模数（mm）

| 项 目 | 最小尺寸 | 优先尺寸 |
|-------|---------|---------|
| 厚 度 | 90 | 90、100、120、150、200 |
| 宽 度 | 600 | — |

**5.3.2** 空调板的尺寸模数宜根据表 5.3.2 选用。

表 5.3.2 空调板的尺寸模数（mm）

| 项　目 | 最小尺寸 | 优先尺寸 |
|---|---|---|
| 厚　度 | 100 | — |
| 净悬挑尺寸 | — | 600、700 |
| 宽　度 | — | 1200、1400 |

**5.3.3** 栏板的厚度可采用 100 mm，高度可采用 1100 mm。

**5.3.4** 女儿墙的厚度可采用 150 mm，不上人屋面女儿墙的高度可采用 600 mm，上人屋面女儿墙的高度可采用 1500 mm。

**5.3.5** 楼梯的尺寸模数宜根据表 5.3.5 选用。

表 5.3.5 楼梯的尺寸模数

| 楼　梯类　型 | 层高（mm） | 踏步宽度（mm） | 踏步数 | 踏步高度（mm） | 梯段宽度（mm） | 梯段长度（mm） |
|---|---|---|---|---|---|---|
| 剪刀梯 | 2900 | 260 | 17 | 170.6 | 1200 | 4160 |
|  | 3000 |  | 18 | 166.7 |  | 4420 |
| 双　跑楼　梯 | 2900 | 260 | 9×2 | 161.1 | 1200 | 2080 |
|  | 3000 |  | 9×2 | 166.7 |  |  |

# 6 内部设施设备

**6.0.1** 住宅内部设施包括整体厨房、整体卫生间。

**6.0.2** 整体厨房的净空尺寸模数宜根据表6.0.2选用。

表6.0.2 整体厨房的净空尺寸模数（mm）

| 厨房部件 | 台面进深尺寸 | 高度 |
|---|---|---|
| 操作台 | 550，600，650 | 800，850 |

**6.0.3** 整体卫生间的净空尺寸模数宜根据表6.0.3选用。

表6.0.3 整体卫生间的净空尺寸模数（mm）

| 开间<br>进深 | 1600 | 1900 | 2400 | 2700 | 3000 |
|---|---|---|---|---|---|
| 1600 | √ | — | √ | √ | — |
| 1900 | √ | √ | √ | — | — |
| 2400 | — | — | — | — | √ |

**6.0.4** 室内电气预留预埋宜符合下列规定：

1 开关位置的高度距地面高度宜取1300 mm；

2 客厅、卧室的低位插座位置的高度距地面高度宜取300 mm；

3 客厅、卧室的高位插座位置的高度距地面高度宜取2200 mm；

4 厨卫的插座位置的高度距地面高度宜取1400 mm；

5 电气开关、插座的预留盒宜采用86 mm×86 mm。

# 7 模数协调

**7.0.1** 工业化住宅设计宜选择模数尺寸，并在模数尺寸的基础上形成模数空间。

**7.0.2** 工业化住宅设计应以模数空间为主导，其他空间作为协调空间应配合模数空间的设计要求。

**7.0.3** 工业化住宅设计应遵循开间尺寸优先的原则。

**7.0.4** 工业化住宅的轴线尺寸应符合建筑功能对净空尺寸的要求。

**7.0.5** 套内空间宜按照卧室、客厅、过道、阳台、卫生间、厨房的优先顺序选择模数空间。

**7.0.6** 公共空间宜按照楼梯间、走廊、电梯井、电梯厅的优先顺序选择模数空间。

**7.0.7** 餐厅、衣帽间、储藏间等可作为套内空间的主要协调空间。

**7.0.8** 管井、电梯厅可作为公共空间的主要协调空间。

**7.0.9** 本标准中未规定模数的尺寸可作为协调尺寸。

# 本标准用词说明

1　为便于在执行本标准条文时区别对待，对要求严格程度不同的用词说明如下：

　　1）表示很严格，非这样做不可的：

　　　　正面词采用"必须"，反面词采用"严禁"；

　　2）表示严格，在正常情况下均应这样做的：

　　　　正面词采用"应"，反面词采用"不应"或"不得"；

　　3）表示允许稍有选择，在条件许可时首先应这样做的：

　　　　正面词采用"宜"，反面词采用"不宜"；

　　4）表示有选择，在一定条件下可以这样做的，采用"可"。

2　标准中指定按其他有关标准、规范的规定执行时，写法为"应符合……的规定"或"应按……执行"。

# 引用标准目录

**1** 《建筑门窗洞口尺寸协调要求》GB/T 30591

**2** 《建筑模数协调标准》GB/T 50002

**3** 《四川省建筑工业化混凝土预制构件制作、安装及质量验收规程》DBJ/T 008

四川省工程建设地方标准

四川省工业化住宅设计模数协调标准

DBJ51/T 064－2016

条 文 说 明

# 目　次

# 1 总 则

**1.0.1** 建筑的本质是要满足人对建筑功能的需求，因此，在推动建筑工业化发展的过程中，不仅要考虑建筑部件的模数化、标准化，更重要的是要满足建筑功能的基本要求。

**1.0.2** 工业化住宅是以模数化、标准化的建筑部件为基础的，因此，本标准的编制统筹考虑了建筑设计和建筑部件设计的要求。

# 3 基本规定

**3.0.1** 《建筑模数协调标准》GB/T 50002是建筑工程模数应用的基础性标准，本标准是结合四川省的具体情况以及我省推动建筑工业化应用的需要对《建筑模数协调标准》GB/T 50002的细化。

**3.0.2** 本标准是四川省为了推广工业化住宅初次编制的模数标准，具有过渡性。采用1M将会大大增加部件的生产成本，不利于工业化住宅的推广。综合实际工程的应用，采用3M比较合理。

**3.0.3** 根据四川省在普通高层住宅中实际应用情况，做出该规定。在低层或其他对空间高度要求较高的建筑中，可以采用其他的模数尺寸，但原则上层高应采用1M进级。

**3.0.4** 净空尺寸主要是考虑满足建筑使用功能的最低要求，统筹考虑功能要求和装饰装修、尺寸协调等方面要求，建议以1M为主。

**3.0.5** 部件表面为未装修面层的部件表面。主要适应工业化部件表面不再进行抹灰施工的发展趋势。

**3.0.7** 本标准制定中，考虑到实际应用中尚难以实现所有的空间尺寸均采用模数化尺寸，因此，希望通过模数空间和协调空间的共同采用，实现工业化住宅建筑的要求，在混合使用两种空间尺寸中，应以模数空间为主导。

**3.0.8** 由于住宅建筑功能的复杂性以及受外部环境条件的制

约，在工业化住宅建筑中全面实施模数化、标准化设计尚不具备条件，本标准的目标之一是引导工业化住宅建筑的相关各方尽可能采用模数化的空间，以促进工业化住宅建筑的发展。因此，本标准提出引导性指标要求，鼓励更多采用模数化空间。模数空间比反映了套内平面中采用模数化空间的面积与套内面积的比例关系。

3.0.9 支撑体与填充体分离的体系通常称为 SI 体系，其中填充体包括了装饰体等。SI 住宅以其独特的技术优势、部件工厂化的生产方式，可以明显缩短住房的交付期限，充分保证产品与服务的质量，最大限度地满足住户个性化的需要，提供远远高于传统住宅的性价比与远优于传统住宅的居住舒适度和安全感，且有利于适应建筑功能的变化以及使用过程中的维护。

# 4 空间尺寸模数

## 4.1 一般规定

**4.1.2** 规定了 6 类有模数要求的套内空间，在实际项目中，并非所有有模数化要求的空间均适合采用本标准规定的尺寸模数，套内模数空间比用于衡量实际采用模数空间数量。

## 4.2 套内空间尺寸模数

**4.2.2** 卧室包括了主卧室、次卧室、儿童房、书房等空间。

**4.2.4** 两件套指洗面台和座便器，三件套指洗面台、座便器和淋浴间。

**4.2.5** 阳台可分为景观阳台、生活阳台等。由于生活阳台的使用功能较复杂，通常作为协调空间处理，因此，本处所指阳台主要是指景观阳台。

**4.2.8** 窗洞的尺寸主要参照 GB/T 30591—2014 的要求，仅针对外墙上单独设置的窗洞，而不包括门带窗的情形。

**4.2.9** 外墙的门洞尺寸由于受到立面设计的限制，其变化比较复杂，因此，该条仅对外墙门洞的尺寸模数做出了原则性规定。

## 4.3 公共空间尺寸模数

**4.3.3** 走廊净空宽度考虑到装修面层厚度如干挂石材等情况或明装消火栓所占用的空间后，优先选择 1500 mm；电梯厅进深考虑到电梯厅装修面层厚度后一般情况下的最小尺寸为 1900 mm。

# 5 部件尺寸模数

## 5.1 一般规定

**5.1.3** 在 DBJ51/T 008 中对混凝土预制部件的尺寸偏差给出了相应的规定，其规定的尺寸偏差已经考虑了部件安装相互配合的需要，因此，本标准直接引用了该标准。

**5.1.4** 部件的重量直接影响着部件运输、吊装等工序的施工难度，进而影响了工业化住宅的造价；根据实际工程应用经验，部件重量再 6 t 及以下时，相对施工难度和造价均较容易控制。

## 5.2 混凝土结构部件的尺寸模数

**5.2.1 ～ 5.2.3** 根据实际工程应用情况给出了常用的部件尺寸要求。

**5.2.4** 由于叠合板的生产工艺简单，对不同宽度和长度的尺寸要求均具有较好的适应性，因此，本条对叠合板的宽度尺寸仅明确了基本的模数进级要求。宽度尺寸是以部件的混凝土边作为尺寸测量的基准，不包括预留伸出部件表面的钢筋尺寸。

## 5.3 其他部件尺寸模数

**5.3.2** 本条给出的厚度最小尺寸包括了部件表面设置的排水坡面等建筑装饰构造。

# 6 内部设施设备

6.0.1～6.0.4 根据实际工程应用经验并结合标准化整体厨卫设施的尺寸要求，选择了一些应用较多的尺寸作为模数尺寸的要求。

# 7 模数协调

**7.0.1～7.0.9** 按照模数空间优先的原则,对选择模数空间的优先顺序做出规定,并对利用协调空间实现定制化的功能要求做出了要求。